# PÉTITION

## PRÉSENTÉE A L'ASSEMBLÉE NATIONALE

TENDANT A OBTENIR L'INSTITUTION DE

# BANQUES AGRICOLES

**Par A.-D. de Gazeau**

Ancien Juge de paix, membre du Comice agricole de Mirebeau.

*Pauvre agriculteur, pauvre agriculture.*
( Adage devenu axiome. )

Avec les banques agricoles, le prix des subsistances diminuera de moitié, et le travail doublera.

( Page 9. )

---

Poitiers

IMPRIMERIE DE A. DUPRÉ

Rue de la Mairie, 10.

1848.

21 juin 1848.

Dans cette pétition, adressée il y a quelques semaines à l'Assemblée nationale, j'ai cherché à réduire en formules pratiques des idées vagues et fugitivement émises dans différents écrits, et à faire se prononcer la représentation du pays sur un système depuis longtemps énoncé par moi au sein du comice agricole dont je suis membre.

Or, aujourd'hui, selon moi, toute proposition ayant trait à la solution de quelque question d'économie politique et sociale doit être livrée à la publicité, et ce, pour deux raisons : la première, afin que cette proposition soit approuvée, si son utilité est reconnue, ou combattue et remplacée par une mesure d'une efficacité mieux établie; la seconde, afin que les travailleurs, qui doivent profiter presque seuls des avantages résultant de l'augmentation des produits du sol, et qui accusent d'indifférence à leur égard les *non-travailleurs*, sachent que pourtant plusieurs de ces derniers n'ont pas attendu le 24 février pour, dans la solitude du cabinet et leurs *laborieux* loisirs, rechercher et réglementer les moyens qui leur ont paru propres à donner l'aisance et le bonheur à ceux qui en sont depuis longtemps déshérités. Puissent leurs efforts être couronnés de succès !

---

# PÉTITION

## PRÉSENTÉE A L'ASSEMBLÉE NATIONALE

### TENDANT A OBTENIR L'INSTITUTION DE

## BANQUES AGRICOLES.

CITOYENS REPRÉSENTANTS,

Il y a un an, je présentais à la Chambre des Députés la pétition suivante; mais comme M. Sauzet, à qui elle était adressée, ne jugea pas convenable de la déposer, je suis obligé de vous la présenter de nouveau. Je disais alors :

Les affreux malheurs que la disette verse tous les jours sur la France me pressent d'appeler votre attention sur une question que, depuis plusieurs années, j'hésitais à vous soumettre. Mais il est aujourd'hui fatalement démontré que la famine est possible dans notre patrie; cette considération me fait rompre le silence. Ayant conduit la charrue pendant quinze ans, je parle en connaissance de cause en vous entretenant des souffrances de l'agriculture et du remède, seul efficace, à appliquer à ces souffrances. C'est vous dire que je demande l'établissement de banques agricoles, sans lesquelles les progrès de cette précieuse industrie seront nuls.

Et, d'abord, l'agriculture souffre-t-elle? l'agriculture a-t-elle besoin d'argent pour progresser, ou suffira-t-il de lui donner de bons avis et de bons exemples, pour la tirer de l'état de torpeur auquel elle paraît condamnée?

Les souffrances de l'agriculture sont incontestables. Cette vérité est proclamée par tout le monde; les écrivains de tous les partis le répètent depuis longtemps. M. Emile de Girardin, dans ses fameuses lettres à M. Blanqui, reconnaît ces souffrances, et ajoute que l'agriculture en France est arriérée de cent ans sur celle d'Angleterre. Il dit qu'il est urgent de venir à son secours, mais n'en n'indique pas les moyens.

Les rédacteurs de la *Semaine* sont plus explicites; et, comme rien n'est plus concluant et plus péremptoire que des chiffres, ils publient une statistique comparée des produits agricoles des deux pays. En Angleterre, l'hectare produit en moyenne une somme de cent dix à cent vingt francs; en France, l'hectare ne donne à peine que cinquante à soixante francs. Quelle énorme différence! Ces écrivains n'hésitent pas à l'attribuer à l'existence, déjà ancienne chez nos voisins, des banques agricoles. Il est donc démontré, surtout par le cri général qui s'élève de tous les points de la France, que notre agriculture est dans un état de souffrance qui demande un remède prompt et énergique.

Ce remède se trouvera-t-il dans les bons avis, ou dans les bons exemples? Je le nie formellement : et pourtant un écrivain pratique, M. Dezeimeris, député, a soutenu que les cultivateurs n'ont pas besoin d'argent, et qu'il ne leur faut que de *bons avis* et de *bons exemples*. C'est là, selon moi, une hérésie radicale. Les cultivateurs n'ont plus besoin ni des uns ni des autres; ils savent comme nous ce qu'il faut faire pour bien faire. Ils connaissent et pratiquent les modes perfectionnés de labourage, les prairies artificielles et les bons assolements; il ne leur manque qu'une chose : *des engrais*.

C'est donc bien inconséquemment que M. Dezeimeris recommande aux *pauvres* laboureurs de ne pas vendre leurs fourrages, mais de les faire manger par des bestiaux de rente, afin d'augmenter la masse des engrais; car, pour avoir des bestiaux de rente, il faut de l'argent pour les acheter, et les neuf-dixièmes des cultivateurs ont bien de la peine à payer leurs bêtes de trait : comment pourraient-ils se procurer les bestiaux de rente? M. Dezeimeris avoue pourtant que les progrès de l'agriculture seraient plus rapides, si on lui avançait de l'argent. S'il en est ainsi, pourquoi ne le pas faire? Quand on jette à profusion les millions dans des entreprises utiles sans doute, mais qui peuvent attendre, pourquoi donc n'en pas réserver quelques-uns pour préserver de la famine des hommes qui ne peuvent attendre quand ils ont faim?

Les bons avis et les encouragements décernés par les congrès et les comices agricoles ne sont plus capables, selon moi, de faire faire à l'agriculture un seul pas en avant. Celle-ci, privée des secours que je réclame, ne pouvant, faute d'argent, acheter des bestiaux pour consommer ses foins, et par conséquent augmenter ses engrais animalisés, les récoltes resteront toujours ce qu'elles ont été depuis quelques années.

Tout le monde, en effet, sent et dit que la solution du problème de l'augmentation du produit du sol dépend de celle du problème de la multiplication des engrais; mais de ces engrais puissants agents de la végétation, de ces engrais animalisés et chargés de substances ammoniacales et azotées, et non de cette espèce de *terreau*, dont se contentent la plupart des fermiers, provenant de la fermentation de paille ou de plantes quelconques qu'ils font triturer dans les chemins ou dans les aires de leurs maisons. C'est cette vérité qui a été victorieusement démontrée par M. Elisée Lefèvre dans plusieurs articles profondément pensés sur cette matière, et notamment dans le numéro de la *Presse* du 9 mars 1847.

Or, puisqu'il n'est pas possible de nier que la plupart des cultivateurs sont dans un état de gêne qui nuit à l'agriculture, on ne pourra nier non plus l'urgence de l'établissement de banques où il leur sera possible d'emprunter de l'argent à long terme et *sans intérêt.* Alors une heureuse révolution ne se fera pas attendre dans les produits du sol, et il n'est pas téméraire d'avancer que, de cinq à dix ans, les revenus de la France seront triplés. Qui ne serait pas, en effet, frappé du résultat merveilleux que réaliserait, dans notre industrie agricole, le doublement des engrais et en quantité et en qualité?

Voyons quelles seraient les conséquences de cette désirable et urgente révolution. Je ne crains pas de dire qu'elles changeraient la face du pays. Là où avait régné la gêne, la misère et bientôt la ruine, que voyez-vous chez le cultivateur? La joie que font naître l'abondance et la satisfaction de tous les besoins de la vie. L'homme des champs est mieux nourri, mieux vêtu; il ne se contente plus de l'indispensable, il se permet maintenant un peu de superflu. Et, admirez avec moi les effets de ce système! le bien-être, la prospérité de l'agriculture porte le bien-être, la prospérité sur tous les points de la France et dans toutes les branches industrielles. Les agriculteurs, plus aisés, riches même, achetant les produits de presque toutes les manufactures, ouvriront un nouveau débouché à ces produits : de là un plus grand mouvement dans les ateliers ; de là plus de travail pour la classe ouvrière, qui déjà, par la baisse du prix des substances alimentaires, éprouve dans son sort une amélioration sensible. Et ne serait-ce pas là, peut-être, la solution rationnelle de ce difficile problème concernant les ouvriers? car, avec les banques agricoles, le prix des subsistances diminuera de moitié, et le travail doublera. Ce moyen me paraît le meilleur pour venir, sans secousse et sans préjudice pour l'industrie, au secours des travailleurs de toutes les classes.

Si l'augmentation des produits du sol cause le bonheur des ouvriers de toute espèce, la misère disparaît donc de notre pays. Or, de ce fait quel immense avantage pour l'État! Les hommes, plus heureux et certains de ne pas manquer d'aliments et des choses nécessaires à la vie, *ne comptent plus leurs enfants :* ceux-ci, bien nourris, et élevés sans avoir connu le froid et la faim, atteindront un accroissement inusité dans plusieurs localités. La disette ayant déserté nos grandes cités, l'État y trouvera à l'avenir une génération bien développée et des hommes beaux et valides, propres à porter les armes, quand autrefois, dans ces mêmes villes, l'œil était attristé par l'aspect dégoûtant d'une population que les souffrances et la faim avaient rendue rabougrie et rachitique.

Mais à cet établissement de banques agricoles, source d'une prospérité nouvelle, on serait redevable d'un bienfait peut-être plus précieux que tous les autres, et qui en est la conséquence naturelle : je veux parler de la restauration des bonnes mœurs dans les grandes villes. Personne n'ignore que là, la moitié peut-être des ouvriers vivent en concubinage par suite de la misère qu'ils ressentent; ils fuient le lien légitime du mariage, parce qu'ils ne peuvent nourrir les enfants dont les charge la loi; au lieu que, dans ces déplorables unions, ils jettent ces enfants aux hospices, et Dieu sait ce qu'ils deviennent! Si donc, au contraire, les ouvriers étaient assurés de ne manquer ni de travail ni de pain, croyez-le, ils ne renonceraient pas ainsi au bonheur d'être légalement père; ils voudraient, comme tous les autres hommes, être initiés aux douces émotions de la famille.

Ainsi, enrichissement, bonheur des agriculteurs; enrichissement, bonheur des autres classes laborieuses; augmentation de la génération humaine jointe à son amélioration; destruction du concubinage, le plus cruel ennemi de la multiplication des hommes; telles sont les conséquences des banques agricoles.

Il me reste maintenant à prouver que cet emprunt doit avoir pour l'agriculture l'avantage que j'indique. Or, tous les hommes qui habitent les champs et s'occupent de ce qui s'y passe savent que le fermier qui a des prairies et peut disposer de cinq à six cents francs, achetant, par exemple, deux mules de six à huit mois et les gardant un an à dix-huit mois, doit gagner, et gagne en effet, sur ces deux animaux, de trois à quatre cents francs. Si, avec ce bénéfice et celui qu'il trouve dans l'amélioration de ses récoltes, résultat de l'augmentation de ses engrais, il achète un troupeau de trente brebis, il aura de plus, au bout de la seconde année : 1° 300 fr. de bénéfice sur ses brebis, sans compter le produit des engrais; 2° encore 300 fr. environ sur une autre paire de mules, ou sur d'autres élèves : de sorte que, dans trois ou quatre ans au plus, cet agriculteur est déjà propriétaire d'à peu près 900 fr. Je n'avance donc rien de trop hardi en disant qu'après cinq ans, chaque cultivateur qui aura emprunté à la banque agricole, défalcation faite des mécomptes possibles et des accidents imprévus, se trouvera à même de rendre les cinq à six cents francs empruntés, et, de plus, propriétaire d'une souche de bétail, source de sa fortune particulière et de la fertilisation du sol. Qui pourrait nier l'utilité, l'immense avantage de cet établissement, quand, par son moyen, deux ou trois cents agriculteurs par canton seront enrichis, ou sur le point de l'être, dans l'espace de huit à dix ans? C'est, je crois, la seule solution logique de la question de l'augmentation des engrais, et, par suite, de la fertilisation du sol; de l'impossibilité des disettes à l'avenir, et des vivres à bas prix pour la classe ouvrière.

C'est pour obtenir des résultats si certains et si désirables, puisqu'ils placeraient l'édifice social sur une base inébranlable, le *bien-être général*, que je demande à l'État un prêt, considérable il est vrai, mais qui, sous quelques années, doit rentrer dans ses caisses en presque totalité.

Veuillez donc, citoyens Représentants, allouer au ministre de l'agriculture une somme de vingt à vingt-cinq millions par an, pendant cinq ans, pour être répartie entre les cantons ayant des comices, qui feraient la demande d'une banque agricole, en prenant pour base de la répartition la population se livrant à l'agriculture dans chaque canton.

Cette somme constituera donc un prêt par l'État de cent à cent vingt-cinq millions dans l'espace de cinq ans : sacrifice bien léger, si on le compare aux effets merveilleux qu'il doit produire ! Cette dépense est si urgente, que je n'hésite pas à demander, si les ressources ordinaires ne suffisent pas pour y faire face, que l'on applique à cet objet le produit d'un impôt que je propose d'établir *et sur les chiens et sur les chevaux et voitures de luxe*, *et même*, s'il le faut, *sur la propriété foncière*. Si celle-ci se plaignait de cette surcharge, elle aurait la vue bien courte !.....

Il suffirait, en effet, d'imposer toute voiture à quatre roues et ses deux chevaux à la somme de quarante francs ; toute voiture à quatre roues et son cheval à vingt francs ; toute voiture suspendue à deux roues et son cheval à dix francs ; tout cheval de selle à cinq francs ; enfin tout chien de chasse et même de basse-cour, quand il y en aura plus d'un, à cinq francs par tête. Seraient exceptées les voitures publiques. Cette mesure, sans nuire beaucoup à chacun, donnerait un chiffre énorme; et, si cette ressource n'était pas encore suffisante, je proposerais, pour un objet si utile, d'augmenter l'impôt sur les portes et fenêtres pour toutes les maisons ayant plus d'une porte et deux fenêtres.

Cette somme serait-elle capable de subvenir à tous les besoins? je le pense. A mon avis, les deux tiers environ des cantons n'ont pas besoin de secours et n'en demanderont pas. Tous les pays à *élève* ou à *engraissement*, comme le bas Poitou ou la Vendée, la Normandie, l'Auvergne, le Limousin, les départements du nord, une partie de l'est et la plupart des cantons urbains, ne réclameront pas de banques. J'évalue donc à peu près à *mille* ou *quinze cents* le nombre des banques agricoles qui peuvent être demandées. C'est de vingt à vingt et quelques mille francs, en moyenne, pour chaque banque. En supposant qu'on prête cinq cents francs à chaque agriculteur réclamant, c'est, par canton, environ quarante agriculteurs par an qui peuvent obtenir des secours efficaces, soit *quarante mille* par toute la France. N'est-ce donc rien qu'un tel bienfait?

Dès l'année suivante, par l'augmentation des engrais, il y aura progrès dans les produits du sol; mais ce progrès, on le comprend, sera d'autant plus sensible qu'on s'éloignera de la première année; car un terrain bien fumé pendant plusieurs années de suite doit donner des récoltes triples de celles qu'il fournissait avant d'avoir été fumé. Et qu'on veuille bien remarquer que, dans ce système, ce ne sont pas les céréales seules qui doivent être multipliées, mais que tous les animaux, et surtout ceux propres à la boucherie, augmenteront dans la même proportion. Nous ne serions donc plus assujettis au tribut que nous payons à l'étranger, soit pour les chevaux, soit pour les bœufs, etc.; avantage incalculable!

car il est temps, plus que jamais, d'enrichir *par la viande à bas prix* le régime alimentaire de toute la nation, qui s'est funestement appauvri depuis 1790. A cette époque, Lagrange estimait que la viande entrait pour douze centièmes dans l'alimentation de la France, et alors on consommait très-peu de pommes de terre (chétive et maigre nourriture pour l'homme, la moins *assimilable* des succédanées des céréales); et aujourd'hui que la pomme de terre entre pour huit centièmes dans la consommation moyenne du pays, la viande n'y figure plus que pour six ou huit pour cent..... (1).

Mais on fait des objections, et l'on dit : « L'État ne peut » faire une telle avance, parce qu'il n'aurait pas de garan- » ties; et les fermiers pourraient bien emprunter, mais » pourraient bien aussi se mettre peu en peine de rendre » le prêt. Souvent même, loin d'acheter des bestiaux de » rente, ils s'en serviraient à payer leurs dettes anciennes. » Ce système est donc impraticable. »

Ces objections tombent quand on connaît les conditions auxquelles je soumets cette institution. Sans entrer dans des détails que votre habitude des affaires et vos lumières en finances et en administration vous mettent à même de digérer mieux que personne, qu'il me soit permis d'en poser les bases comme je les comprends :

1° Chaque canton ayant un comice agricole, et qui réclamerait cette faveur, aurait droit à une *banque de secours agricoles*, dotée de la somme qui lui serait départie en proportion du nombre de ses habitants cultivateurs ;

2° Nul ne pourrait se présenter à la banque agricole, pour demander des secours, s'il n'est propriétaire du domaine qu'il s'agit d'améliorer : or tout propriétaire ayant un fer-

(1) Voir le rapport de Dumas, président de la Société d'encouragement d'agriculture, 1847.

mier qui aurait besoin d'argent s'engagerait envers l'État, et aurait ainsi intérêt à surveiller l'emploi de la somme empruntée;

3° Une commission composée du président du comice, et de quatre de ses membres choisis par la commission administrative de ce comice, serait chargée d'examiner la demande et la solvabilité des réclamants;

4° La solvabilité reconnue, un mandat de la somme allouée, signé des cinq commissaires, sera remis à l'impétrant, qui en touchera le montant à la caisse du percepteur ou du receveur général ou particulier : l'emprunteur, en échange, donnera un billet qui, transcrit *gratis* au bureau des hypothèques, emportera inscription comme s'il était authentique;

5° Ceux qui seront les plus anciens inscrits sur les listes du comice auront droit les premiers aux secours de la banque agricole, la première année de sa fondation et jusqu'à épuisement de sa dotation ; les années suivantes, on suivra toujours le rang d'ancienneté d'inscription ;

6° Ces fonds de secours seront prêtés pour l'espace de cinq ans et sans intérêt;

7° L'emprunteur répondra envers l'État de la faute ou de la fraude de son fermier (et ce dernier cas est presque impossible). Les cas fortuits, de force ouverte ou d'épizootie, seront à la charge de l'État.

D'après cette simple esquisse, on voit que le propriétaire du domaine se trouve dans la même condition où sont, dans beaucoup de parties de la France, les propriétaires qui payent à leurs fermiers tous les bestiaux et cheptels dont ils ont besoin : il n'a donc pas à se plaindre. L'État, de son côté, a toute garantie et sécurité.

Ainsi, il n'est pas exact de dire que l'État serait sans

garanties ; il ne l'est pas plus de prétendre que les fermiers détourneraient les fonds fournis par la banque au payement de leurs dettes : je ne vois donc là rien d'impraticable.

D'ailleurs l'expérience est faite en Angleterre, et si les moyens qu'on y emploie sont bons, efficaces, pourquoi ne les pas étudier et adopter ? Dira-t-on que l'État est exposé à des pertes considérables ? Je ne le pense pas ; il est évident, au contraire, que sa perte sera presque nulle. Qu'est-ce que ce léger sacrifice, en regard de si brillants résultats ?

Ma tâche est remplie, citoyens Représentants. J'ai appelé votre attention sur le moyen d'enrichir le pays par l'exploitation d'une mine inépuisable, le *sol de la France ;* que votre sagesse en règle les conditions. Mais ne perdez pas de vue que cette question est une des plus importantes à résoudre ; car elle touche au salut du peuple, c'est-à-dire de *tous*, et, vous le savez, *salus populi suprema lex.*

Agréez, etc.

A. DE GAZEAU,
Membre du comice agricole de Mirebeau.

Mirebeau, 30 mai 1848.

Poitiers. — Typ. de A. Dupré.

www.ingramcontent.com/pod-product-compliance
Ingram Content Group UK Ltd.
Pitfield, Milton Keynes, MK11 3LW, UK
UKHW020413250726
13967UKWH00006B/2631